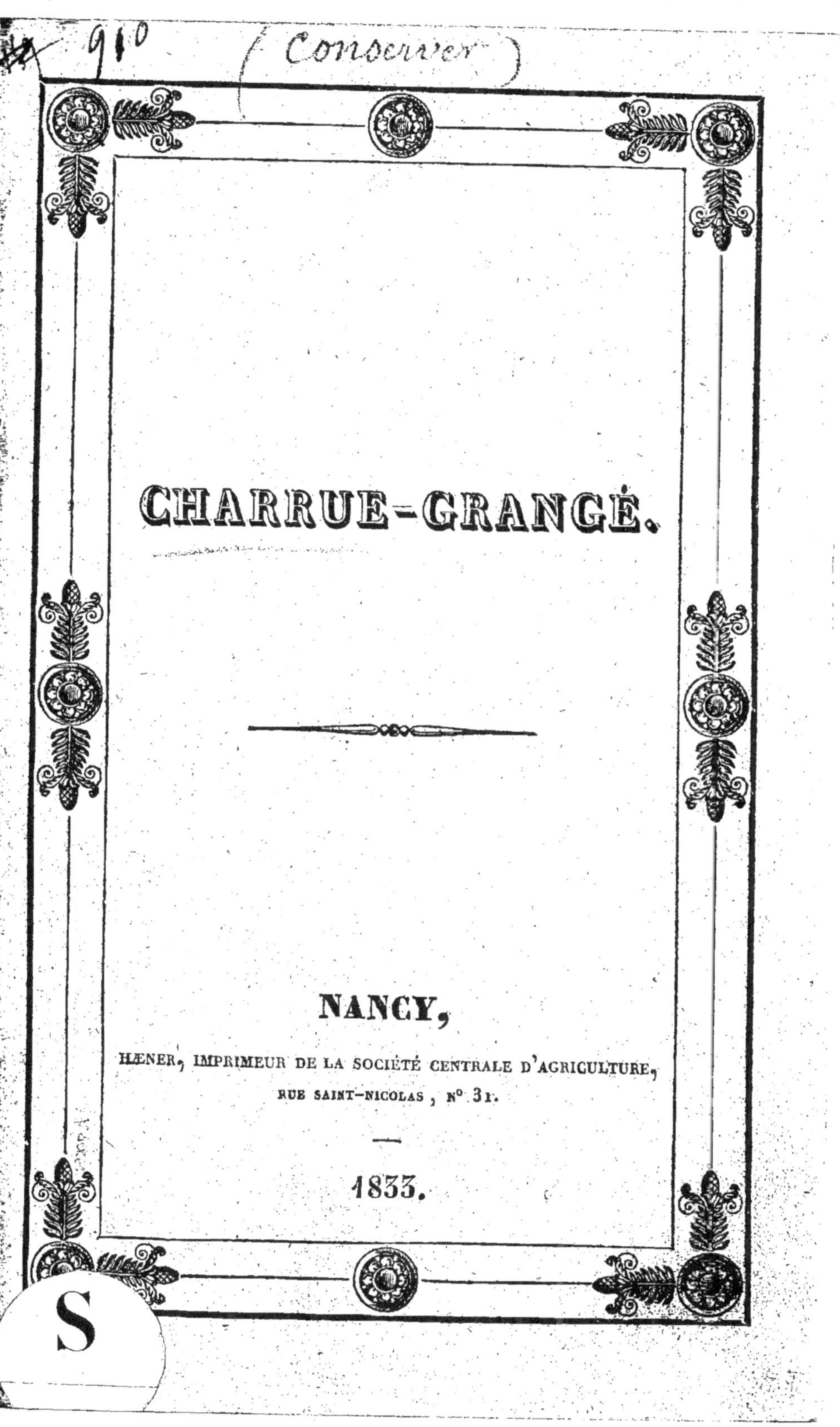

CHARRUE-GRANGÉ.

NANCY,

HÆNER, IMPRIMEUR DE LA SOCIÉTÉ CENTRALE D'AGRICULTURE,
RUE SAINT-NICOLAS, N° 31.

—

1833.

CHARRUE-GRANGÉ.

EXTRAIT DU BON CULTIVATEUR,

RECUEIL AGRONOMIQUE

PUBLIÉ PAR LA SOCIÉTÉ CENTRALE D'AGRICULTURE DE NANCY.

1833.

SOCIÉTÉ CENTRALE

D'AGRICULTURE DE NANCY.

CHARRUE-GRANGÉ.

RAPPORT SUR LA NOUVELLE CHARRUE *introduite dans l'arrondissement de Lunéville par Jean-Joseph* GRANGÉ, *de Harol, département des Vosges ; lu en séance, le 16 février 1833, par M.* GÉNIN, *Membre ordinaire.*

MESSIEURS,

Plusieurs Membres de votre Société avaient déjà entendu parler de la nouvelle charrue introduite, il y a quatre mois, dans l'arrondissement de Lunéville, et desiraient vivement recevoir quelques communications qui les missent à même d'en apprécier tout le mérite, lorsqu'un de nos collègues, M. *de Scitivaux*, agriculteur zélé de l'arrondissement de Château-Salins, eut l'heureuse pensée de vous donner connaissance d'un Rapport qu'il venait de faire au Conseil général du département, sur l'importance de cette invention (1), et d'appeler ainsi votre attention sur le nouvel

---

(1) Voyez le Bon Cultivateur, mars 1833, page 65.

instrument dû au génie modeste d'un simple garçon de charrue, *Jean-Joseph Grangé*, de Harol, département des Vosges.

Ce Rapport, lu dans votre séance du 2 de ce mois, excita au plus haut degré votre intérêt, et vous détermina, Messieurs, à nommer immédiatement une Commission qui se rendrait à Lunéville, examinerait la Charrue-Grangé, et, si elle la jugeait digne de votre attention, prendrait toutes les mesures nécessaires pour que ce nouvel instrument pût être soumis aux essais que vous devez bientôt tenter sur plusieurs charrues perfectionnées, qui feront partie de votre Exposition publique du mois de mai prochain.

Votre Commission, composée de MM. *Besval*, *George*, *de Scitivaux*, *Soyer-Willemet* et moi, s'est rendue samedi dernier, 9 février, à Lunéville, où tout devait être disposé à l'avance par M. *Guérin-Keller*, membre correspondant de la Société d'agriculture de cette ville, pour que votre Commission pût terminer dans la journée ses opérations, voir travailler la charrue, entrer en communication avec *Grangé* et s'entendre avec la Société d'agriculture de Lunéville, à laquelle appartenait le droit de vous présenter *Grangé* et de faire valoir à vos yeux l'importante découverte qu'elle avait si vivement accueillie.

Arrivés à dix heures du matin, nous trouvâmes aussitôt M. *Guérin*, qui nous informa que la Société d'agriculture de l'arrondissement, prévenue de la démarche que nous devions faire, avait nommé, dans sa séance du 6 de ce mois, une Commission chargée de se joindre à la vôtre et de lui donner tous les renseignemens qu'elle pourrait désirer. L'expérience devait avoir lieu à onze heures, dans un terrain de très-forte consistance, situé entre St.-Léopold et la maison dite du Diable, canton avoisinant la route de Nancy à Lunéville; ce

qui laissait encore une heure à notre disposition. M. *Guérin*
nous proposa de profiter de ce peu de temps pour voir fonctionner l'instrument dans une terre assez légère, dépendante
de la ferme de Chanteheux , située à l'extrémité opposée
de la ville. Nous nous y rendîmes promptement , et déjà
chacun de nous cherchait de loin le champ où notre curiosité devait être satisfaite , lorsque nous aperçûmes , non sans
surprise , une charrue attelée de quatre chevaux *marchant*
comme une voiture au milieu de la plaine ! Un seul homme
dirigeait les chevaux , et les quittait par instant pour se
rapprocher de la charrue , qu'il abandonnait ensuite pour
revenir à ses chevaux ou pour s'occuper de soins qui paraissaient étrangers à sa charrue; cependant celle-ci marchait
toujours sans le secours de l'homme qui l'accompagnait.....
Ce spectacle tout à fait. nouveau nous frappa et redoubla
vivement l'intérêt qui s'attachait déjà à l'objet de notre
voyage. Nous hâtâmes le pas, et, arrivés près de l'instrument
que nous étions si avides de connaître , nous ne cherchâmes
plus qu'à nous rendre compte de la marche si extraordinaire de cette charrue et à en démêler les causes. Nous les
eûmes bientôt saisies , tant le mécanisme appliqué à cet
instrument est simple et en harmonie avec toutes les parties
dont se compose la charrue ordinaire.

La charrue labourait dans un champ de terre siliceuse
et légère, appartenant à M. *Colombier*, de Chanteheux, qui,
le premier, a fait usage de cette charrue à Lunéville. Elle opérait sous la conduite d'un seul homme qui, indépendamment
des soins qu'il devait donner à son attelage et à la charrue ,
était obligé de dégager de temps en temps le fumier
très-long dont le champ était abondamment couvert , et
qui s'amoncelait autour du coutre : c'était cette opération
qui multipliait à nos yeux les soins dont cet homme

paraissait occupé , et le retenait par fois en arrière de la charrue pour replacer le fumier dans la raie qu'elle venait de tracer.

Nous voulûmes nous faire expliquer par le conducteur quelques conditions particulières du mécanisme appliqué à sa charrue ; mais il n'y connaissait rien : la charrue marchait et traçait régulièrement son sillon sans qu'il sût autre chose que mouvoir le levier supérieur , qui aide à sortir le soc de terre, et raccourcir ou allonger le chaînon qui fixe le levier de pression au mancheron. Ce conducteur , qui nous avait paru de loin un homme assez fort et d'un âge proportionné au travail qui lui était confié, n'était qu'un jeune homme de quatorze à quinze ans, peu capable sans doute de labourer avec la charrue ordinaire.

L'heure de l'expérience nous appelant ailleurs , nous nous rendîmes en toute hâte à St.-Léopold , où nous trouvâmes la Commission nommée par la Société d'agriculture de Lunéville , ayant à sa tête M. le Sous-Préfet, son Président (1). Elle reçut là tous nos remercîmens de la démarche qu'elle voulait bien faire , et la manifestation non équivoque de la satisfaction que nous avait déjà causée la vue de la Charrue-Grangé dans la plaine de Chantheux ; nous reçûmes des membres de cette Commission toutes les explications que nous n'avions pu obtenir du jeune conducteur que nous venions de quitter.

Grangé et sa charrue n'étaient point encore arrivés au

---

(1) Cette Commission était composée de MM. *Cosson*, secrétaire, *Georges* (de Bauzemont) , *Guérard*, *Guérin*, *de L'Espée*, *Parmentier* fils , *Perrin* et *Thomas*. MM. *Noël* fils et *Prouvé*, de la Société de Lunéville et de celle de Nancy , étaient présens , ainsi que beaucoup d'amateurs de Lunéville et des environs.

lieu de l'expérience ; mais ils ne devaient pas tarder. On nous proposa, en l'attendant, de voir fonctionner deux autres charrues construites, d'après son système, par des charrons assez habiles des environs de Lunéville, qui, informés de notre réunion, s'étaient rendus à Saint-Léopold, pour faire l'essai de leurs charrues. Elles opérèrent aussitôt dans deux champs séparés, d'une consistance très-forte, dont l'un en pente et l'autre en revers, sans pouvoir obtenir, malgré tous les efforts de leurs constructeurs, un travail aussi parfait que celui dont nous avions déjà été témoins. Ces charrues, faibles imitations de celle de *Grangé*, étaient bien loin d'agir comme leur modèle : le levier de pression, si simple dans la Charrue-Grangé, **y** était remplacé par le prolongement des fourchons de l'avant-train jusqu'à la perpendiculaire du soc (point où ces fourchons faisaient arceaux et maintenaient la haye à l'aide d'un boulon), et opérait la pression que le soc doit recevoir pour se maintenir en terre ; mais, outre que cette pression était insuffisante dans un terrain d'une consistance aussi forte que celui où on labourait, les fourchons manquaient de ressort et donnaient trop de raideur à l'instrument. Nous abandonnâmes bientôt ces charrues pour attendre celle de *Grangé*, qui, enfin, arriva avec l'inventeur lui-même. Cette charrue était la même que celle que nous avions vue travailler près de Chanteheux ; elle précédait de quelques instans deux autres charrues, également confectionnées par *Grangé*, et appartenant à M. *Burtin*, maître de poste à Lunéville. Autant nous avions souffert des essais infructueux dont nous venions d'être témoins un instant avant, autant la vue des charrues qui nous arrivaient et la présence de *Grangé* redoublèrent notre intérêt : bientôt ces trois instrumens furent mis en mouvement, et le travail qu'ils opérèrent, dans ces mêmes champs que les deux autres charrues venaient de quitter, fût si parfait, malgré la qualité du terrain, que nous ne pûmes nous refuser, ainsi que les nombreux assistans qui nous entouraient, à exprimer la plus haute satisfaction de cette nouvelle épreuve, qui semblait d'abord devoir être un écueil redoutable pour la Charrue-Grangé. Ses compétiteurs eux-mêmes ne purent résister à l'évidence d'une supériorité aussi marquée.

Après cette seconde expérience, l'opinion de votre Commission s'étant trouvée suffisamment éclairée sur le mérite de l'invention qui vous avait été signalée, nous avons témoigné à l'auteur de cette précieuse découverte le désir d'examiner sa charrue avec plus de soin, en la soumettant à de nouvelles épreuves qui en constateraient spécialement tous les avantages ; nous lui avons proposé de venir vous la présenter, sous les auspices de la Société d'agriculture de Lunéville : ce qu'il a accepté avec empressement, ainsi que MM. les membres de cette Société.

Nous avons aussi demandé à la Commission de vouloir bien vous fournir tous les renseignemens que la Société de Lunéville possédait sur cette charrue nouvelle : l'époque précise de son introduction dans l'arrondissement, comment elle y avait été amenée, les divers essais dont elle avait été l'objet, les améliorations qu'elle avait reçues depuis son introduction ; enfin, tous les documens qui pouvaient se rattacher à ce nouvel instrument, et à l'auteur d'une découverte aussi importante. Tous ces renseignemens nous ont été promis par M. le Sous-Préfet, et ont dû parvenir à M. le Président de la Société centrale, pour vous être communiqués dans cette séance (1).

---

(1) Voyez ci-après, page 12 et 22.

Je n'essayerai pas , Messieurs , de vous donner une description complète de la Charrue-Grangé , dont le modèle
ne tardéra pas à être mis sous vos yeux. Je me bornerai à
vous présenter un aperçu rapide de son ensemble et des effets
produits par le mécanisme , aussi simple qu'ingénieux . qui
lui a été appliqué.

La Charrue-Grangé offre l'aspect d'une charrue ordinaire
à avant-train ; elle n'en diffère , au premier coup d'œil , que
par le levier qui la surmonte pour faire sortir le soc de terre.
Elle n'est pourvue que d'un seul mancheron. Sa haye est
maintenue au dessus de l'avant-train dans un double montant en bois , traversé d'une broche de fer , destinée à la
soutenir et à l'élever ou à l'abaisser à volonté , suivant le
degré de profondeur qu'on veut donner au labour. La haye,
ainsi maintenue dans ce double montant , ne peut tourner
sur elle-même , ni s'incliner à droite ou à gauche. Elle est
aussi retenue à l'essieu par deux chaînes latérales qui s'allon-
gent ou se raccourcissent à volonté , suivant la largeur du
sillon qu'on veut tracer , et qui l'empêchent de s'écarter de
la ligne directe qu'elle doit suivre. Un levier de pression ,
dont l'extrémité est invariablement lié aux armonts de l'a-
vant-train , passe sous l'essieu , qui lui sert de point d'appui,
et vient ensuite s'accrocher au mancheron ; il fixe le soc en
terre et remplace l'action des bras de l'homme sur notre
charrue ordinaire. Voilà, Messieurs , le moyen si simple, et
en même temps si puissant , qui fait la base de ce précieux
instrument.

Mise en action , cette charrue opère le travail le plus régulier ; une force égale agit constamment sur le soc et fatigue nécessairement moins les chevaux que celle employée
par l'homme , qui doit être inégale dans bien des circonstances. Arrivé au bout du champ , et lorsqu'il faut tourner,

le conducteur abaisse le levier supérieur, l'accroche au mancheron, fait sortir par ce seul mouvement le soc de terre, tourne avec sa charrue, engage le cheval de tête dans la raie qu'il doit parcourir, vient décrocher le levier supérieur, et replace ainsi le soc de la charrue dans la direction qui lui est nécessaire.

Rien de plus simple que le réglement de la charrue, dont la sellette, qui soutient les montans ou jumelles, peut encore, au moyen d'une charnière et d'un régulateur, s'incliner de droite à gauche pour mieux retourner la terre dans les terrains en revers, et donner à la charrue plus d'assiette. J'oubliais de vous dire qu'un troisième levier, mais beaucoup plus faible que les deux autres, est placé à droite de la charrue, pour soutenir les armonts lorsque la charrue tourne, parce que l'effet du levier de pression qui y est fixé en dessous, ainsi que le poids même des armonts, tendent naturellement à les faire baisser, quand les chevaux n'exercent point leur tirage.

Le peu de force et d'expérience du jeune homme que nous avons vu diriger la charrue appartenant à M. *Colombier*, dans les deux essais auxquels nous avons assisté, prouvent, mieux que tout ce que nous pourrions dire ici, les avantages que ce système nouveau présente, puisque la Charrue-Grangé, confiée à un individu qui aurait peine à conduire nos charrues ordinaires, opère néanmoins aussi bien que le meilleur instrument de ce genre entre les mains d'un homme fort et expérimenté.

En résumé, Messieurs, votre Commission vous signale la Charrue-Grangé comme méritant votre plus sérieuse attention, et devant bientôt tenir le premier rang parmi les instrumens dont l'agriculture s'enrichit chaque jour. Elle avait déjà été remarquée avec intérêt par la Société d'émulation

du département des Vosges , dont Grangé est originaire ;
le Rapport dont elle a été l'objet, et qui n'a été lu que dans
sa séance du 6 décembre dernier, se trouve inséré dans
le dernier numéro du recueil des connaissances usuelles que
publie cette Société (1). Mais il y a loin , Messieurs , de
la charrue actuelle de Grangé à celle qu'il a présentée
à la Société des Vosges. La vue de cette charrue , telle
que la représente le dessin joint au Rapport dont nous
vous parlons , n'aurait que bien faiblement attiré votre
attention , si elle vous eût été soumise avec un système
aussi peu perfectionné , et qui en rendait l'application difficile. Aussi ne faut-il pas s'étonner du peu de succès dont
cette publication et cette première expérience ont été sui-
vies..... Disons-le encore , Messieurs , cinq années d'efforts
et de tâtonnemens avaient peut-être rendu la découverte de
Grangé moins importante aux yeux des siens ; peut-être aussi
son génie avait-il besoin d'un ciel nouveau et d'hommes
qui lui fussent restés jusqu'alors étrangers , pour mieux se
développer et ne plus connaître d'entraves !

En effet , à peine Grangé a-t-il franchi les limites qui le
séparaient de nous , qu'il conçoit et exécute son système
sur des bases plus simples. Ce n'est plus à la science qu'il
demande des suffrages ; c'est le laboureur même qu'il veut
convaincre , qu'il veut servir. Un simple levier remplace
son treuil ; un autre lévier , aussi simple que le premier ,
succède à son banc de pression , et par là il atteint ce qu'il
cherchait depuis si long-temps. Il est bientôt compris , et
trouve parmi nous les protecteurs qu'il lui fallait pour l'in-

---

(1) Connaissances usuelles recueillies par la Société d'émulation
des Vosges , n° 10 , 1er trimestre de 1833 , page 6.

troduire dans la nouvelle carrière qu'il va désormais parcourir (1).

Maintenant, c'est à vous qu'il appartient, Messieurs ,
d'accomplir l'œuvre si heureusement commencée dans l'un
des arrondissemens de notre département, et de faire obtenir
à *Grangé* la récompense qui lui est due. Votre Commission
vous propose donc, lorsque vous aurez entendu les communications qui vont vous être faites au nom de la Société de
Lunéville, de fixer le jour où la Charrue-Grangé sera soumise
aux essais qui doivent en constater tout le mérite, et vous
permettre ensuite de la signaler, ainsi que son auteur, à l'attention du gouvernement et de tous les amis de l'agriculture.

RAPPORT DE M. LE SOUS-PRÉFET DE L'ARRONDISSEMENT DE
LUNÉVILLE, *à M. le Préfet de la Meurthe, sur le
nouveau système de charrue inventé par* Jean-Joseph
GRANGÉ. (*Pièce communiquée à la Société centrale
d'Agriculture de Nancy, dans sa séance du* 16
février 1833.)

Lunéville, le 28 novembre 1832.

MONSIEUR LE PRÉFET ,

La charrue du pays exige , comme toutes celles qui sont
connues jusqu'à ce jour , un homme fort et expérimenté qui
tienne et dirige le soc , et, la plupart du temps, une seconde
personne qui conduise l'attelage. L'homme qui dirige le soc
ne peut travailler qu'un certain temps, calculé sur sa force
physique et sur les difficultés résultant de la nature plus ou

______

(1) M. *de L'Espée* , qui le premier l'a accueilli dans notre département ; M. *Nicolas* , Sous-Préfet de Lunéville , à qui *Grangé* doit
déjà tant et devra bientôt plus encore ; M. *Colombier*, qui l'a pris
chez lui et a donné l'exemple à tous , en adoptant la Charrue-Grangé
dans toutes ses cultures.

moins compacte, plus ou moins friable du sol qu'il laboure. Ainsi toute charrue, pour être mise en mouvement, quelque circonscrit que soit le champ à la culture duquel elle est employée, demande le concours d'un laboureur consommé. S'il n'a pas d'expérience, ou s'il abandonne un instant sa charrue, elle dévie ou se renverse ; est-il fatigué, elle s'arrête. Elle n'est par elle-même qu'un instrument inerte, qui doit son utilité à la main qui le guide.

Ce serait sans doute une grande amélioration, une belle et utile invention que celle qui, au moyen des procédés les plus simples de la mécanique, ferait pour ainsi dire passer dans le soc l'intelligence du laboureur qui le conduit ; et, l'abandonnant à lui-même, lui permettrait de marcher seul, sans jamais dévier ni se renverser, ouvrant toujours la terre à une profondeur égale, opérant enfin un labour meilleur peut-être que l'ancienne charrue du pays.

Quelle économie n'en résulterait-il pas ? On épargnerait, par chaque charrue en activité, le travail d'un homme fort et habile, qui pourrait se livrer à toute autre occupation agricole. Un garçon de charrue coûte par année, terme moyen, 160 francs, sans compter la nourriture, le logement, etc..., ce serait pour beaucoup de propriétaires ou de fermiers une dépense considérable de moins. Enfin les labours étant moins coûteux, on ne manquerait pas de les multiplier, et la terre en deviendrait plus productive.

Cette amélioration paraît obtenue.

Dans le courant du mois dernier, M. *de L'Espée*, propriétaire-cultivateur du canton de Bayon, homme sage et instruit, m'adressa un jeune garçon de ferme, de la commune de Harol, département des Vosges, qui, s'étant présenté chez lui, lui avait proposé d'adapter à l'avant-train d'une de ses charrues un procédé dont il est l'inventeur, *au moyen*

duquel il n'est plus besoin que d'un conducteur pour la
bourer, le procédé remplaçant le laboureur. Ce sont les ter
mes de la lettre que M. *de L'Espée* m'écrivit à cette occasion

« J'ai essayé le procédé, me disait M. *de L'Espée* ; i
» remplit parfaitement le but que son inventeur dit s'êtr
» proposé..... Je suis fermement persuadé que cette inven
» tion est une de celles qui doivent rendre le plus de service
» à l'agriculture de nos contrées.... »

Je répondis sur le champ à M. *de L'Espée*, en le prian
de faire un Rapport à ce sujet, à la prochaine réunion de l
Société d'agriculture. J'engageai en même temps le sieu
Grangé (c'est le nom de l'inventeur) à s'y trouver, pou
y donner des explications.

Voici la copie textuelle du procès-verbal de cette séanc
et du Rapport qui y a été fait.

Séance du mercredi 7 novembre 1832.

Présens MM. *Le Sous-Préfet*, président ; *Parmentier*
Geoffroy, *Adrian*, *Gazel*, *De L'Espée*, *Georges* (d
Bauzemont), *Colombier*, *De Frawemberg*, *Cosson*, mem
bres ordinaires ; *Masson*, *Maillot*, *Delarue*, *Godard*
Germain-Thomas, *Georges* (d'Einville), *Ferry*, corres-
pondans.

M. *de L'Espée* a fait le Rapport suivant :

« Messieurs,

» Chargé par notre honorable président de vous faire un
rapport sur un procédé, au moyen duquel une charrue
laboure sans être tenue, j'aurai l'honneur de vous communi-
quer ce que j'ai observé dans la marche de cet instrument.

» Le 14 octobre dernier, le sieur *Grangé*, de Harol, département des Vosges, vint me trouver, me proposant
d'ajouter à mes charrues à avant-train un procédé de son

invention , et au moyen duquel la charrue marchait sans qu'on la tint, et labourait bien avec un attelage ordinaire ; seulement celui qui conduit les chevaux y touchait quand il fallait changer de raie , besogne qu'il pouvait faire très-facilement , puisqu'il n'avait besoin que d'une main pour diriger la charrue dans sa nouvelle direction , et l'empêcher d'entrer en terre avant d'être dans la raie nouvelle.

» Après avoir vu le certificat qui lui a été délivré par la Société d'émulation d'Épinal , ainsi que les attestations de plusieurs cultivateurs qui confirmaient ce qu'il avançait , je me déterminai à lui faire arranger une de mes charrues.

» Le 16 suivant, j'ai fait essayer ma charrue dans une des pièces de terre les plus difficiles du finage de Froville ; cette pièce avait produit du blé cette année ; elle a une inclinaison un peu forte , du midi au nord, et j'emploie habituellement six chevaux , quelquefois huit , quand je la fais labourer. L'inclinaison n'est pas égale dans la pièce de terre , et le sillon choisi pour l'expérience est un de ceux que je fais labourer avec la charrue de Roville; cependant la pente gêne pour tenir la charrue à roues ou sans roues. J'ai remarqué , ainsi que ceux qui étaient présens, que la charrue marchait sans que personne y touchât , que la raie ouverte était bien vidée , assez profonde et aussi large que celle ouverte par la charrue ordinaire , la bande de terre aussi bien retournée quand la charrue jetait en haut , que quand la pente aidait à verser. Arrivé à la fin du sillon, le conducteur, en pressant avec une seule main sur un levier , faisait sortir la charrue de terre ; aussitôt que la pression cessait, la charrue rentrait en terre et labourait bien. Ne pouvant rester long-temps , je fis dételer au bout de trois quarts d'heure , non sans regretter de ne pas avoir de dynamomètre pour peser la résistance qu'éprouve cet instrument; car il m'a paru démontré, ainsi qu'à ceux qui étaient présens, que le tirage était moindre qu'à l'ordinaire.

» Le 24 , j'ai fait reprendre l'expérience dans une autre pièce, devenue très-difficile à cultiver par suite de la sécheresse : l'attelage était , comme la première fois , composé de six chevaux de moyenne force ; ils tiraieut plus que lors de la première expérience ; le conducteur , sans aide , laboure environ vingt-trois ares dans près de quatre heures de temps : *un peu plus qu'il n'aurait fait avec la charrue ordinaire, ou avec celle de Roville.*

» Le 29 , encore six chevaux et un seul homme pour les conduire et diriger l'instrument. Ce jour , MM. *Pariset* , juge à Metz , *Debuisson* , *Étienne* et autres , de Bayon , *Vuillaume* , maire de Virecourt , ancien cultivateur , sont venus observer l'ouvrage et la charrue ; tous ont trouvé l'ouvrage très-bon. M. *Vuillaume* a trouvé en outre que la charrue abrégeait beaucoup et que le tirage devait être moindre qu'avec les autres charrues ; car , disait-il , la terre arrache par endroits , et je ne crois pas qu'une autre charrue puisse labourer aussi bien dans une terre si dure.

» Le cheval de devant , poussé par son voisin trop ardent et un peu plus fort , a fait faire plusieurs manques ; mais cet inconvénient, qui n'est dû qu'à l'attelage, aurait également eu lieu avec une autre charrue ; car ces manques ne se faisaient qu'après avoir quitté la raie pour en ouvrir une nouvelle. Au moyen du régulateur, on peut tirer des raies depuis quatre jusqu'à huit pouces de profondeur ; on peut aussi prendre des raies au moins aussi larges , et les faire aussi étroites qu'avec la charrue ordinaire.

» Dans les pièces de terre où j'ai essayé la charrue, il y a très-peu de pierres ; la charrue en rencontrait rarement , et , lorsque cela est arrivé , il n'en est résulté aucun dérangement dans la marche de l'instrument.

» Le 5 novembre , avec quatre chevaux seulement , j'ai fait achever un champ commencé depuis plusieurs jours ; ce champ a été fendu, et la dernière raie, qui est toujours la plus difficile, a été aussi bien ouverte que si on l'avait faite avec une autre charrue. Voulant essayer quelle profondeur on pouvait prendre au moyen du régulateur , je l'ai fait mettre pour labourer à sept pouces dans un autre sillon , et la raie était également bien ouverte et bien vidée dans toute sa largeur qui était de treize pouces ; les chevaux tiraient un peu davantage que dans le sillon précédent , où la raie n'avait que cinq pouces de profondeur.

» En résumé, la charrue marche bien seule ; je suis persuadé que le tirage qu'elle exige est moindre que celui nécessaire pour la charrue ordinaire. Sa construction est très-simple ; le prix, soit qu'on la fasse neuve , soit qu'on ajoute le système de *Grangé* à une ancienne , est médiocre, et à la portée de tous les cultivateurs. Enfin, ce qui prouve que l'instrument est bon , c'est la quantité des demandes faites à l'inventeur pour avoir de ses charrues.

» Telles sont, Messieurs , les observations que j'ai pu faire jusqu'à présent ; un plus long usage de cet instrument n'en fournira probablement pas d'autres. Je crois qu'il y aura encore quelques perfectionnemens à y faire ; mais quand bien même l'instrument resterait tel qu'il est à présent, son inventeur aurait rendu à l'agriculture un des plus grands services auxquels elle puisse prétendre. »

Grangé, présent à la séance, a présenté à l'appui de ce Rapport des certificats délivrés par MM. *Mersey* de Ravenel près Mirecourt, *Lhuillier* du même lieu, *Royer* de Baudricourt, *Morel* de Golbey, *Cholley* de Hadigny, *Delasalle* de Loromontzcy , *Gérardin* de Mangonville, *Reigner* , maître de Poste à Charmes.

Le Rapport de M. *de L'Espée* , quoique ne traitant que des effets de la nouvelle charrue sans donner sa description , a excité un grand intérêt parmi les membres qui composaient l'assemblée. Une infinité de questions ont été adressées à *Grangé* , qui a répondu avec simplicité et précision ; chacun a témoigné le désir de connaître le mécanisme de cette charrue et de la voir fonctionner : alors M. *Colombier* a offert son local , son charron et sa forge, et a engagé *Grangé* à aller s'établir chez lui. *Grangé* , ayant accepté, a promis que la charrue serait confectionnée pour le dimanche 10 du présent mois , où les amateurs pourraient la voir travailler.

Alors l'assemblée a arrêté que la charrue serait faite aux frais de la Société ; qu'au mémoire des frais de construction , il serait ajouté une somme de 30 francs demandée par *Grangé* pour ses soins, et que cette dépense serait acquittée sur les fonds mis à la disposition de la Société.

Tous les membres de la Société avaient été vivement intéressés par le Rapport de M. *de L'Espée*, dans les lumières duquel nous avions tous grande confiance, et par les explications simples et précises données par *Grangé* , dont la physionomie et le langage annoncent beaucoup d'esprit naturel. Le jour où la charrue , achetée par la Société, devait être terminée et essayée, était attendu avec impatience. Il vint enfin , et quoiqu'il fît une pluie battante , nous nous rendîmes en assez grand nombre , membres de la Société d'agriculture , propriétaires et laboureurs , dans un champ où l'instrument fut essayé avec un plein succès. Chacun en admirait le mécanisme simple et ingénieux et les heureux effets. J'aurais désiré que l'on dressât un procès-verbal détaillé de cette opération ; mais le temps était si mauvais que les assistans furent promptement dispersés.

Les avantages de cet instrument n'ont (ce qui est bien remarquable) rencontré jusqu'à présent aucun contradicteur. M. *de l'Espée* , M. *Colombier* de Chanteheux , qui ont un train de culture très-considérable, et d'autres cultivateurs en ont fait confectionner plusieurs, dont ils font toujours usage depuis ce moment et dont ils sont chaque jour plus contens.

Je joins à ce Rapport :

1° Un mémoire que j'ai engagé *Grangé* à rédiger lui-même sur la composition, l'usage et les avantages de son instrument. J'ai cru , quelque incorrecte que soit sa rédaction , qu'elle ne serait pas sans intérêt ;

2° Une description détaillée du même instrument, que je dois à un membre de notre Société d'agriculture ;

3° Un dessin , de la main du même membre , et qui sert à l'intelligence des deux pièces qui précèdent ;

4° Dix certificats , délivrés à *Grangé* par des cultivateurs pour lesquels il a fabriqué des charrues , et qui attestent combien ils ont lieu d'en être satisfaits. Ces certificats méritent une pleine confiance : ils sont signés de gens peu susceptibles de se laisser entraîner par un faux enthousiasme.

Je suis, je l'avoue, juge peu compétent en pareille matière. J'indiquerai toutefois quelques-uns des avantages que j'ai entendu remarquer dans la nouvelle charrue.

Elle creuse un sillon plus ou moins profond , plus ou moins large , plus ou moins incliné , au moyen du levier que l'auteur y a adapté. Son entrure est toujours parfaitement égale, la pression du levier étant toujours la même ; tandis que , dans la charrue ordinaire , si le laboureur est inhabile ou manque d'attention , son ouvrage est toujours mauvais et irrégulier.

Enfin le point de tirage est fort rapproché de celui de la résistance : aussi suis-je persuadé qu'elle doit exiger une

force motrice beaucoup moins grande que la charrue ordinaire. Elle partage cet avantage avec la charrue d
M. *Guillaume* (citée dans le nouveau Cours complet d'agriculture, article *charrue*), dont c'est là le principal mérit
et qui a obtenu un prix de 3,000 fr. de la Société central
d'agriculture de la Seine.

Le même ouvrage porte, tome IV, p. 144 : « M. *Françoi*
» *de Neufchâteau*, un des membres les plus zélés d
» la Société royale et centrale d'agriculture de la Seine
» frappé de l'idée que l'objet le plus utile à la Société étai
» celui dont on s'occupait le moins, provoqua, en l'an IX
» la proclamation d'un prix, que M. *Chaptal*, alors ministr
» de l'intérieur, porta à 10,000 fr., pour celui qui offrirai
» une nouvelle charrue, simple et peu coûteuse, exempt
» des défauts qu'on reproche aux autres. »

Plusieurs agronomes prétendent que l'invention d
Grangé satisfait à toutes les conditions du programm
proposé à cette époque et que le même ouvrage nous fai
connaître. Toujours est-il qu'elle présente un soc qui march
et se dirige sans la main de l'homme, avantage immens
auquel on ne paraît pas même avoir songé jusqu'à présent

La construction est simple et solide ; elle tient bien dan
la terre, qu'elle pique toujours à la profondeur voulue ; l
soc coupe toute la terre retournée par le versoir ; elle labour
à volonté, à grosse ou petite raie, profondément ou légère-
ment ; elle exige pour la tirer moins de force que la charru
ordinaire (sans que je puisse préciser la différence, parc
que le dynamomètre nous a manqué). Enfin, elle est non
seulement facile à mener, mais un jeune homme de quinze
ans suffit pour conduire les chevaux qui la traînent.

Le concours de l'an IX paraît toujours ouvert. *Grange*
peut-il prétendre au prix ? Je n'ai pas les connaissances

spéciales nécessaires pour en juger ; mais, quoiqu'il en soit , cette invention , fruit d'un génie inculte , produit d'une imagination qui ne s'est appuyée sur aucun calcul , me paraît mériter toute l'attention du gouvernement.

La meilleure preuve qu'elle en est digne et qu'elle est vraiment utile , c'est que , sans prôneurs , il a suffi que nos cultivateurs, instruits ou ignorans, la vissent pour l'approuver et pour en faire usage.

Grangé ne confectionne cependant pas son instrument lui-même : il a besoin du concours d'un charron et d'un forgeron qui , encore inaccoutumés , tâtonnent et font un ouvrage moins achevé. Cette charrue, entre les mains d'un mécanicien calculateur, serait peut-être susceptible de plus de justesse dans les proportions des diverses pièces qui la composent. Tout le mérite n'en restera pas moins à l'inventeur : c'est, dit-on , la seule charrue au monde qui marche seule ; c'est, ajoute-t-on, une des plus utiles inventions qui puissent être faites. Peut-être s'en exagère-t-on les avantages. Quoiqu'il en soit, j'ai l'honneur de vous prier, monsieur le Préfet , d'avoir la bonté d'adresser à M. le Ministre du commerce et des travaux publics ce Rapport et les diverses pièces qui l'accompagnent. Peut-être M. le Ministre jugera-t-il convenable de prendre de plus amples et de plus exacts renseignemens ; peut-être accordera-t-il une récompense au jeune *Grangé* , pauvre garçon de charrue , sans autre avoir que son travail de chaque jour , et qu'il serait, je crois , utile au pays , de mettre en position de développer le génie mécanique dont il paraît doué.

J'ai l'honneur d'être avec respect , monsieur le Préfet , votre très-humble et très obéissant serviteur ,

Le Sous-Préfet de l'arrondissement de Lunéville ,

ADOLPHE NICOLAS.

MÉMOIRE *adressé à M. le Sous-Préfet de Lunéville, par* Jean-Joseph GRANGÉ, *sur la charrue dont il est l'inventeur* (1). (*Pièce communiquée à la Société centrale d'Agriculture de Nancy, dans sa séance du* 16 *février* 1833).

Novembre 1832.

MONSIEUR ,

Je suis fâché de ne pouvoir vous faire complètement la description de la charrue que je viens de confectionner pour la Société dont vous êtes le digne Président ; veuillez bien l'agréer telle qu'il m'est possible de le faire.

Je ne ferai pas le détail des différentes formes que j'ai fait prendre à cette charrue, avant de lui donner celle qu'elle présente aujourd'hui.

Je dirai seulement qu'à l'âge de quinze ans je fus laissé par mes parens dans une situation qui m'obligea d'aller en condition. Soit goût ou amour des choses bien faites, je parus mériter la confiance de mon maître. J'avais dix-huit ans lorsque je fus chargé du soin et de la direction d'une charrue traînée par six chevaux, dans une terre argilo-calcaire, remplie d'une grande quantité de pierres d'une grosseur indéterminée. Bien que j'employais toutes mes forces, je ne pouvais qu'avec peine maintenir ma charrue dans une direction ordinaire.

Ce fut alors que j'observai qu'il y avait plusieurs changemens à faire dans la charrue pour le soulagement des

____

(1) On a scrupuleusement conservé dans ce mémoire le style, et même les fautes de français de l'auteur ; l'orthographe seule a été établie. Les deux phrases en italique , que nous avons voulu faire ressortir ne sont point soulignées dans le mémoire original, qui entre les mains de M. le Sous-Préfet de Lunéville. (*N. du R.*)

hommes qui la tenaient, et celui des chevaux qui la traînaient. Lorsque je fus assuré des divers changemens qu'on pouvait faire pour la perfection de la charrue, j'en parlai au charron ; mais ce fut en vain : il faisait des charrues depuis plus long-temps que je labourais , en sorte qu'il était plus instruit que moi sur cette partie.

Je consultai plusieurs autres charrons ; tous avaient des principes différens : sur dix charrons , il n'y en avait pas deux qui aient le même. Cependant tous prétendaient avoir le meilleur, et n'auraient pas voulu, pour beaucoup , changer une simple cheville , sous prétexte qu'il fallait que cela fût ainsi pour que la charrue soit bien faite. Cependant il devait avoir un principe général pour toutes les charrues qui sont destinées à labourer la même nature de terre , et quand une charrue bien faite laboure dans une terre très-difficile , elle doit le faire plus aisément dans une terre légère. La forme et la position des objets qui composent la charrue doit être invariable ; seulement la force de ces derniers doit varier suivant la force plus ou moins grande de la terre dans laquelle on veut placer la charrue que l'on construit. Après avoir fait ces observations à plusieurs charrons sans en rien obtenir, je m'avisai moi-même de reconfectionner mes charrues. Je m'en trouvai fort bien : outre que j'éprouvais un grand soulagement, il me parut que mes chevaux en recevaient un aussi sensible.

Et c'est de là qu'il me vint l'idée (*pour moi fatale dans ce temps*) de construire une charrue qui aurait l'avantage de labourer sans le secours des bras de l'homme pour la tenir comme de coutume. Après avoir fait une réflexion un peu profonde , je ne balançai pas à sacrifier à cet essai le peu d'argent que j'avais (*fruit de mes épargnes*) à la construction d'un instrument dont l'usage et la pratique me paraissaient d'un grand avantage aux cultivateurs. Il est inutile de dire que ce ne fut pas du premier essai que j'en vins à bout, et que par là je m'attirai la critique de tout le monde de chez nous : on ne me considérait que comme un jeune homme qui était rempli d'idées folles, et qui voyageait de compagnie avec la misère et la pauvreté. Qu'importe ! je m'étais fait une question : Qu'est-ce que je cherche? A remplacer les forces de l'homme, chose qui ne me paraissait pas trop difficile, par des objets soit en bois, soit en fer. Qu'est-ce que fait l'homme derrière la charrue ? Il soutient cette dernière dans son équilibre, l'excite autant qu'il lui est possible à tracer des sillons d'une largeur et profondeur régulières ; il l'empêche de sortir de terre, et presse dessus proportionnément à la force de la terre dans laquelle il laboure.

Voilà tout ce que j'avais à remplir dans la charrue que je construisais. Je l'aurais terminée plus tôt, si je n'avais eu d'autre vue que celle de lui donner le simple mérite de la nouveauté ; mais ce n'était pas ce que je me proposais. Je voulais donner aux cultivateurs une charrue qui se trouve à l'avantage de tous, à leur portée relativement au prix peu élevé qu'elle coûterait dans sa construction, simple et facile à concevoir, avec aisance de s'en servir. Pour y parvenir, voici quels sont les moyens que j'ai employés, dont le dessin en présente la figure (*Planche I*).

Je commencerai par les chaînes de tire *A*, qui ont toujours figuré d'une manière invariable dans toutes les formes que j'ai fait prendre à ma charrue, et que je crois être un point fort essentiel ; car ces chaînes, d'une longueur égale, sont fixées assez près des roues, et après l'essieu ; elles viennent se réunir de chaque côté de l'age à un crochet qui y est attaché ; de sorte que l'évasement de ces chaînes tient la charrue toujours directement au milieu des roues ; de sorte que si la charrue veut aller d'un côté, la chaîne opposée la retient, et l'autre fait le même office en pareil cas. Par ce moyen, je peux dire que la charrue suit une direction plus régulière que si elle était tenue par un homme, tant fort qu'il soit. Mais comme ces chaînes n'empêchent pas la charrue de se tourner, ou de se coucher du côté du versoir ou de celui opposé, voici ce que j'ai employé pour prévenir cet inconvénient.

A quelques pouces éloigné du coutre, j'ai laissé la haye ou l'age de trois pouces d'épaisseur à la surface, et conservant cette épaisseur jusque son extrémité antérieure ; la face perpendiculaire a six pouces. Ensuite j'ai placé sur l'essieu des roues, d'une largeur de sept pouces sur trois et demi d'épaisseur, une sellette mouvante, au moyen des deux charnières ZZ, dont une partie de ces charnières sont fort et solidement attachées à l'essieu des roues, et l'autre attachée de la même solidité après la sellette ; en sorte qu'elle fait son mouvement sans changer aucunement sa position. Les charnières sont près de la roue droite. A l'opposé de ces charnières et figurativement à elles, est un régulateur en fer, qui traverse perpendiculairement l'essieu des roues ; il est long de huit pouces, à partir de la surface de l'essieu ; dans toute sa longueur sont des trous assez près l'un de l'autre. Au moyen de deux chevilles en fer qui passent dans ces trous, elles tiennent la sellette autant élevée qu'on le souhaite. Dans cette sellette et dans son milieu, sont deux mortaises, à la distance l'une de l'autre de trois pouces, dans lesquelles sont enfoncés deux montans en bois, de la longueur de deux pieds, sur deux pouces et demi d'épaisseur et quatre de large. Ces montans sont enfoncés perpendiculairement dans la sellette, et au-dessus desquels, à deux pouces du bout, est une traverse qui les unit et les tient à la même distance en haut qu'en bas. La haye ou l'age, qui a trois pouces à sa surface, ou qui a autant d'épaisseur que les montans laissent de distance entre eux, moins une ligne seulement, pour donner pouvoir à l'age d'entrer facilement entre ces deux montans ; de sorte qu'en levant ou abaissant la sellette, comme je l'ai dit, on incline les montans, et les montans font incliner la charrue par la même raison. Et voilà comme j'ai assuré le devers et l'inclinaison de ma charrue.

Le levier *P*, qui est placé entre les montans sur la traverse *O* qui les unit, sert à lever la charrue à chaque bout du champ, pour la faire sortir de terre, à l'aide de la petite chaîne *N* qui répond à l'age *M*. Le conducteur conduisant sagement ses chevaux au bout, lorsque la charrue y arrive, il met la main sur le levier, et fait sortir la charrue en pressant dessus, et l'accroche à un crochet qui est à la main, et laisse tourner sa charrue, dont il n'a pas besoin de toucher la charrue qu'au moment qu'elle se remet dans la raie : alors il met la main de nouveau sur le levier ; il se décroche, et la charrue reprend sans difficulté sa direction, en retombant sur une cheville en fer qui passe dans les trous faits dans les montans. C'est par cette cheville qu'on règle la profondeur que l'on veut donner à la charrue, en l'abaissant ou en l'élevant d'un ou plusieurs trous. La charrue tire toujours, ou laboure toujours à la même distance des roues. On ne touche jamais aux chaînes pour lui donner de l'entrure. La compresse *EF* sert à presser à volonté sur le talon de la charrue ; elle passe dessous l'essieu. La chaîne *G* qui l'unit à la commensure ou fourchu des roues ; en arraidissant la chaîne *G*, cela fait baisser la commensure où les chevaux tirent, en tirant relèvent cette commensure, et font suivre avec elle le bout de la perche qui fait compresse sur le talon , au moyen de la chaîne ED , qu'en l'arraidissant on presse d'autant plus qu'on l'arraidit.

Le bois VQ placé perpendiculairement à droite de l'age , passant dans un anneau adapté à cette age, s'enfonçant dans la semelle de la charrue , et qui va en s'obliquant du côté des roues , sert, au moyen de la corde QX, qui passe également et s'arraidit à volonté à l'essieu , à maintenir ou aider l'oreille dans les circonstances où la charrue fait des tentatives pour se jeter de côté. La compresse B , posée sur un crampon attaché après le montant , et au-dessus des trous faits pour régler la profondeur, ne sert qu'à maintenir l'horizon de l'avant-train lorsque les chevaux tournent.

Voilà à peu près le détail que je suis en état de faire sur les différentes pièces qui forment la charrue dont vous voulez en avoir la description , ou , pour mieux dire , vous désirez.

Il me reste encore le faible pouvoir d'expliquer la manière de faire manœuvrer cette charrue. Je vais tâcher de le dire en symbole.

Une des principales manières de régler cette charrue , c'est premièrement de régler l'avant-train. Ce réglement est le même que pour les charrues ordinaires , dont tous les cultivateurs savent ou doivent savoir. Ensuite , par les chaînes de tire , qu'en raccourcissant celle de droite , la charrue vient nécessairement à droite ; de même celle de gauche : ainsi , au moyen de ces chaînes , on peut labourer de la largeur que l'on veut , en maintenant toujours la charrue dans un parfait horizon. Pour lui donner l'inclinaison qui lui convient, on a recours au régulateur qui tient la sellette à telle distance que l'on veut de l'essieu , au moyen des trous faits dans ce régulateur.

Toutes ces choses sont, à mon sens, si simples, qu'il me semble que le plus ignorant des hommes ne saurait s'y méprendre. Il est vrai que chacun vante son ouvrage ; et que le hibou trouve ses enfans les plus beaux du monde ; mais il n'en est pas moins vrai que M. *Colombier* n'emploie à la manœuvre de ses charrues que des garçons de l'âge tout au plus de quinze ans, et dont l'un d'eux, lui seul, peut labourer un champ aussi bien et aussi promptement avec cette charrue, que deux hommes de trente avec une charrue ordinaire.

Tous ceux auxquels j'ai confectionné de ces charrues se rapportent que le tirage est diminué d'un bon cheval sur six. Je crois ne devoir attribuer cette diminution, surtout si elle est bien réelle, je ne dois donc l'attribuer qu'à la tournure et la position des pièces dont la charrue est composée, et encore au rapprochement de la charrue de l'avant-train ; car cette charrue laboure, pour ainsi dire, entre les roues, et tout le monde est d'accord que cela contribue à la diminution du tirage. En effet, les chaînes de tire étant fixées à l'age, derrière le coutre même, entre l'embrochure qui sert à l'assemblage de l'age avec le sep, l'age, de cette manière, n'éprouve aucune fatigue ; tandis que lorsque la chaîne de tire est passée dans l'age, à quelquefois quinze pouces et même dix-huit, il doit y avoir de la différence du tirage. Mais si toutefois le tirage n'était pas diminué dans la construction de la charrue nouvelle que je propose, du moins je reste convaincu qu'il n'est pas augmenté, et qu'en résumé elle doit être préférable à la charrue ordinaire, attendu qu'elle n'augmente guère le prix de confection que de dix francs de plus qu'une charrue ordinaire, et qu'en faisant en bois ce qui est fait en fer, et faisant le même office, ne pourrait guère revenir qu'à quatre ou cinq francs ; misère dont aucun cultivateur ne serait pas

en état de faire cette dépense. Jusqu'alors j'ai satisfait les personnes auxquelles j'en ai fait , dont j'en ai obtenu des certificats de contentement , à peu près tous du même rapport.

C'est par là que j'ai cru avoir atteint le but que je
m'étais proposé , lequel était de donner un nombre très-
considérable de bras à l'agriculture , dans l'usage d'un seul
instrument. Je désirais coopérer à l'éducation des enfans, en
donnant aux cultivateurs les moyens de se passer d'eux pour
aller à la charrue, dont l'éducation devrait faire un change-
ment bien progressif dans la campagne. C'est ce que je désire.

Vous serez bien mal satisfait du récit ennuyeux qu'a l'honneur de vous faire celui qui est , Monsieur le Sous-Préfet ,
votre très-humble , très-respectueux et très-fidèle serviteur,

Jean-Joseph GRANGÉ.

J'oubliais de donner les distances de l'angle de l'age à la
pointe du soc , et le diamètre des roues.

Les roues ont deux pieds de hauteur ; l'essieu a quatre
pouces et la semelle trois ; la pointe du soc est éloignée de
l'age de deux pieds huit pouces ; la distance de la semelle
postérieure à l'age est d'un pied ; le versoir a trois pieds.

Extrait du procès-verbal *de la Séance de la Société
centrale d'Agriculture de Nancy, en date du 16
février* 1833.

..... La Société , après avoir ouï la lecture des pièces
précédentes , et examiné , avec un vif intérêt, un petit
modèle de la Charrue-Grangé fait par M. *George* , l'un de
ses membres , arrête :

1° Le Secrétaire-Archiviste-Trésorier est chargé de faire
confectionner , le plus tôt possible , une Charrue-Grangé ,
sous la direction de l'inventeur , et aux frais de la Société ;

2° Cette charrue sera remise , ainsi que le dynamomètr
de la Société , à une Commission chargée de soumettre l
nouvel instrument à tous les essais nécessaires pour en bie
constater le mérite ;

3° Cette Commission est composée de MM. *Mengin*
Président ; *Génin*, Vice-Président ; *Besval*, *Fabert* , *Georg*
et *Mandel* , membres ordinaires ; *Berrurier* , *Quintard* e
de Scitivaux , associés libres. MM. *Gérard* (Capitaine d
génie) , *Jaquiné* (Ingénieur en chef des ponts et chaussées)
et *Soyer-Willemet* (Secrétaire–Archiviste–Trésorier de l
Société centrale), sont priés de s'adjoindre à la Commission

4° Toute la Société centrale et des députations des So
ciétés d'agriculture des arrondissemens seront invitées
assister à l'une des expériences ;

5° Des remercîmens sont adressés à M. *George* , pou
le petit modèle dont il fait hommage à la Société , et qu
sera déposé dans son Musée....

Rapport *fait à la Société centrale d'Agriculture de
Nancy , au nom d'une Commission spéciale , sur les
expériences auxquelles a été soumise la Charrue-
Grangé , les 23 , 26 et 28 février dernier , par
M.* Soyer – Willemet *, Secrétaire – Archiviste –
Trésorier ; lu en séance le 9 mars 1833.*

Messieurs ,

Lorsque vous entendîtes parler pour la première fois de la
Charrue-Grangé , lorsqu'on vous donna lecture du Rapport
fait par un de vos collègues, M. *de Scitivaux*, au Conseil général du département , votre première pensée , il faut
l'avouer avec franchise, votre première pensée fut le doute.

Ce n'était qu'imparfaitement que vous vous faisiez l'idée d'un instrument, tel que la charrue, résistant seul et sans guide à tous les obstacles qui tendent sans cesse à le repousser hors de terre, et opposant à ces obstacles une résistance toujours proportionnée à la force qui agit contre lui; ou bien vous vous représentiez un de ces chefs-d'œuvre de mécanique, exécutant avec efforts les opérations les plus communes de l'agriculture, et que leur complication met à jamais hors de la portée des cultivateurs. Mais quand la Commission que vous aviez envoyée à Lunéville vint vous exprimer tout l'étonnement, toute l'admiration que lui avait inspirés le spectacle mis sous ses yeux; quand vous retrouvâtes les mêmes sentimens dans les procès-verbaux de la Société d'agriculture de l'arrondissement, que M. le Sous-Préfet fit déposer sur votre bureau; quand, enfin, la vue d'un petit modèle exécuté de mémoire, mais avec perfection, par un membre de votre Commission (M. *George*) vous apprit avec certitude que l'action la plus extraordinaire était produite par le mécanisme le plus simple, alors votre doute fit place à l'enthousiasme, et vous accueillîtes avec acclamations le jeune et intéressant *Grangé*, qui, envoyé par ses premiers protecteurs, venait mettre sous votre patronage sa précieuse découverte. Vous vous rappelez, Messieurs, ses réponses à la fois modestes et précises à la foule de questions qui lui étaient adressées; vous vous rappelez surtout le plaisir que vous fit goûter la lecture de ce mémoire, où *Grangé* expose à M. le Sous-Préfet, avec un étonnant enchaînement d'idées, avec un style simple et clair, et qui souvent n'est pas dépourvu d'une certaine élégance, avec toutes ces qualités, enfin, que, comme ses talens pour la mécanique, il ne doit certainement qu'à la nature, expose, dis-je, les diverses circonstances qui l'ont

conduit à l'invention de sa charrue , dans la vue de rendr
service à ces hommes utiles qui consacrent leur vie à la cul
ture des champs.

Cependant , avant de remplir envers la France agricole
envers le monde entier peut-être , la mission qui vous es
confiée , vous crûtes devoir soumettre à de nouvelles expé
riences cet important instrument , afin de décider s'il es
dans toutes les circonstances aussi supérieur qu'il l'a par
dans quelques unes , et si , comme on vous l'assurait , i
joint à tous ses avantages celui d'exiger moins de tirage
Vous nommâtes donc une grande Commission , à laquell
vous confiâtes votre dynamomètre , avec invitation de mul
tiplier les essais autant qu'il serait nécessaire , pour obteni
une entière conviction. Cette Commission était composée d
MM. *Mengin* (Président), *Génin* (Vice-Président), *Besval*
Fabert, *George* et *Mandel*, Membres ordinaires; *Berrurier*
Quintard et *de Scitivaux* , Associés libres. Nos collègues
MM. *Jaquiné* et *Gérard* , et moi-même , Messieurs , furen
adjoints à cette Commission , et c'est moi qui ai été charg
de vous présenter le résumé de ses travaux.

La Commission , après avoir arrêté les bases de ses expé
riences et fixé aux 23 , 26 et 28 février les jours où elle
devaient avoir lieu , ne crut pas devoir différer plus long
temps de satisfaire à la demande que vous aviez faite , qu
toute la Société centrale , ainsi que des députations de
Sociétés d'arrondissemens du département , assistassent à
l'une des expériences. Convaincue d'avance de leur réus-
site , la Commission voulut donner à la première toute la
publicité et la solennité possible. M. le Préfet avait promis
d'y assister ; des lettres avaient été écrites aux Présidens des
Sociétés de Lunéville , Toul , Château-Salins et Sarrebourg,
et tous nos collègues du département avaient été prévenus

pour le samedi 23 février. Le temps , jusqu'alors fort mauvais , sembla favoriser nos opérations , et une petite gelée
du matin rendit abordables les champs encore imbibés des
eaux de l'hiver. La Commission , ayant à sa tête M. le Préfet, et suivie des députations des Sociétés d'arrondissemens
(1), arriva à onze heures au bas de la côte de Toul , où elle
trouva rassemblée une grande partie de la Société centrale ,
et une foule d'habitans de la ville et des campagnes voisi-
nes , curieux de connaître un instrument dont la réputation commençait déjà à se répandre. L'inventeur s'y trouvait
avec deux de ses charrues , l'une appartenant à la Société
centrale , et l'autre à M. *de Scitivaux ;* toutes deux étaient
attelées de quatre chevaux. Elles se mirent aussitôt à l'ouvrage dans un sol argilo-siliceux , mêlé de quelques galets
moyens , et dépendant de la ferme de M. *Balbâtre* à St.-
Jean. Toutes deux , *sans être tenues* , tracèrent, dans des
billons contigus , des raies bien ouvertes et bien vidées ,
dont le fond était parfaitement horizontal , la profondeur
et la largeur uniformes , et dont la bande de terre était on
ne peut mieux retournée. Le conducteur ne touchait à sa

---

(1) La Société de Lunéville était représentée par MM. *Nicolas* ,
Sous-Préfet de l'arrondissement , Président , *Cosson* , Secrétaire ,
Colombier, Curien, Guérard , Guérin , de L'Espée , Parmentier
fils , *Willemin* ;

Celle de Toul, par MM. *Liouville* , Président , *Drouot* , Secrétaire , *Carez, Gaillard , Gérard , Nollet , Robert , Variot* ;

Celle de Château-Salins , par MM. *de Scitivaux* , Président , *de
Schaken* , Secrétaire , *Quintard , Édouard de Riocourt* , baron
René de Vincent.

Il ne s'est présenté aucun membre de la Société de Sarrebourg ,
sans doute parce que l'éloignement l'a empêchée d'être prévenue
à temps.

charrue que lorsque, au bout du sillon, il fallait la faire
sortir de terre. Ce mouvement se faisait sans efforts, en ap-
puyant sur le levier supérieur qu'il accrochait un instant,
tandis que ses chevaux fesaient la tournée ; puis, lorsque
ceux de devant arrivaient à la raie, il lâchait rapidement le
levier, et le soc rentrait de lui-même en terre, et traçait un
nouveau sillon. Ce spectacle extraordinaire excita tellement
la curiosité et l'étonnement du nombreux public accouru
pour en être témoin, que les gardes champêtres avaient
peine à l'écarter pour laisser libre le passage de l'instrument.

Cependant le champ où l'on opérait n'offrait réellement
aucune difficulté, et il fallait prouver que la nouvelle
charrue est capable de plus rudes travaux. On se rendit
donc en haut de la côte de Toul, où, comme on sait, le
sol cultivable est en général peu profond, et où la roche se
rencontre presque partout à fleur de terre. Après quelques
recherches, on trouva, dans le parc de M. *Maubon*, appartenant aujourd'hui à M. *Balbâtre*, un terrain en revers
que l'on entama, et où le nouvel instrument obtint un
succès que n'aurait pu partager aucune charrue ordinaire.
En effet, quel laboureur eût résisté à un travail dans lequel
sa charrue, lancée hors de terre souvent de secondes en secondes, aurait eu besoin d'être continuellement maintenue
et ramenée dans la raie? quel bras assez puissant eût pu
éviter ces longs intervalles à peine effleurés, ces *manques*,
comme les appellent les cultivateurs, avant que le soc eût
retrouvé sa route, pour en être de nouveau et violemment
détourné? Eh bien! la Charrue-Grangé triompha de tous
ces obstacles : incessamment repoussée de ce sol ingrat, elle
repiquait aussitôt, prompte et ferme, et jetait les spectateurs dans l'étonnement par la régularité d'un labour aussi
tourmenté.

Là se termina le premier essai ; il satisfit la majeure partie de l'assemblée , et la convainquit de la supériorité du
nouvel instrument, qui, n'ayant plus besoin du secours d'un
conducteur habile , souvent difficile à trouver dans les campagnes , se distinguait encore par la perfection du travail.
Cependant il restait quelques incrédules : « C'est dans les
» terres fortes qu'il faut le voir fonctionner , disaient-ils ;
» c'est là que nous l'attendons , et nous verrons s'il saura
» y marcher seul. » Le dessein de la Commission était bien
de leur donner ce plaisir , et elle accepta avec empressement l'offre de notre collègue , M. *Turck* de Ste. Gene-
viève , qui proposait sa maison pour rendez-vous de la seconde expérience , et qui, déjà certain de la bonté de l'instrument , ne craignit pas d'indiquer , pour ce nouvel essai ,
les terres les plus compactes du ban d'Agincourt.

Il eut lieu le mardi , 26 février. A la foule des citadins
qui s'étaient rendus à la première expérience , favorisés par
la proximité de la ville , succédaient des spectateurs plus
difficiles à contenter : c'étaient des laboureurs des communes
environnantes , avec leurs préjugés et leur système d'oppo-
sition ; c'étaient des charrons d'une réputation déjà faite , et
dont de justes récompenses avaient payé les efforts pour le
perfectionnement de la charrue ; c'étaient enfin tous ceux
que le précédent essai n'avait pas complètement convain-
cus , et qui doutaient encore du succès. Le Président de la
Société centrale, M. le baron *Mallarmé*, et toute la Commission furent exacts au rendez-vous. *Grangé* y arriva bientôt , et sa charrue, attelée de quatre chevaux, descendit la
côte pour aller chercher , près d'Agincourt, les champs qui
furent désignés comme les plus difficiles. Qu'on s'imagine
une terre des plus argileuses, où des nappes d'eau prou-
vaient assez qu'elle n'avait pas encore reçu de l'influence de

l'atmosphère cette préparation nécessaire pour permettre à une charrue d'y travailler convenablement. Aussi quelques raies , qui y avaient été tracées la veille par le propriétaire , avaient-elles été abandonnées, et restaient témoins de la difficulté que présentait ce terrain. C'est là que notre charrue fut engagée , et bientôt elle eut ouvert , toujours sans être tenue , plusieurs sillons d'une rare perfection, et réparé les nombreux défauts du labour précédent. Oui , Messieurs , je me figure ce cultivateur , qui naguères s'était vu contraint de laisser là un ouvrage au-dessus de ses forces, revenant le lendemain de notre expérience sur les lieux dont il avait été chassé , et se demandant avec admiration quel était le prodigieux instrument qui avait ainsi couvert ses fautes , et exécuté , dans un sol pour ainsi dire inattaquable , un travail aussi parfait ?

Après ces preuves multipliées , plus une voix qui ne s'élevât pour reconnaître à l'envi la supériorité de la Charrue-Grangé , et pour avouer que , dans de telles terres et à une telle époque, il eût été impossible, même aidé de douze chevaux, d'employer la charrue du pays avec quelque espoir de succès. C'est alors que nous fûmes témoins d'un fait qui donne bien la mesure de toute la bonté , de tout le désintéressement du jeune *Grangé*. Un charron , l'un des spectateurs , prenait , sans façon, les proportions de l'instrument ; on en avertit l'inventeur. « Laissez-le faire , répondit sur le champ » notre excellent vosgien ; qu'il imite ma charrue et qu'il » la perfectionne. J'ai travaillé pour les laboureurs ; j'ai » voulu soulager des peines que moi-même j'ai ressenties ; » je verrai toujours avec plaisir qu'on fasse mieux que moi.»

Afin d'utiliser le temps qui restait à la Commission , elle se rendit sur la côte Ste.-Geneviève , où la charrue ouvrit , non sans difficultés, quelques raies dans un champ de vieux sainfoin destiné à être retourné , et sur lequel une charrue à avant-train perfectionnée, qu'on y essaya en même temps , ne put rien faire de passable. Enfin la Commission se laissa conduire sur la côte de Malzéville , dans une pièce de terre appartenant à M. *Besval ;* et là , malgré l'énorme quantité de pierres roulantes dont le sol est rempli , malgré les nombreux crochets que rencontrait la charrue , elle fonctionna de la manière la plus satisfaisante. Dans un dernier essai , la Commission a voulu faire jouir les spectateurs du coup d'œil qui avait déjà frappé quelques uns de ses membres , lors des expériences de Lunéville. Elle fit sortir tout le monde du billon , et, l'instrument abandonné à un garçon qui le guidait pour la première fois, on put voir alors cette étonnante charrue cheminer au milieu des champs , « comme une voiture » , selon l'expression de votre premier rapporteur , et faisant oublier , par la régularité de sa marche , que , tandis que l'avant-train roulait sur le sol , le soc ouvrait dans la terre des sillons larges et profonds.

Dès lors, votre Commission a dû regarder comme suffisamment prouvée l'excellence de la charrue inventée par *Grangé*, puisque, dans toutes les variétés de terre où elle a été essayée, elle a opéré , sans être tenue , des cultures presque toujours supérieures à celles qu'on eût pu obtenir de la plupart des charrues connues jusqu'à ce jour. Elle s'est donc ajournée au jeudi 28 février, pour faire, sur le tirage, des essais qui devaient compléter la série des recherches dont vous l'avez chargée.

Jusqu'alors , les expériences faites par la Société avec le dynamomètre , l'avaient été à l'aide des chevaux. Mais la Commission , désirant parvenir dans cette circonstance importante à des résultats parfaitement comparatifs , réfléchissant que la vitesse doit entrer dans le calcul de la résis-

tance, et qu'une vitesse toujours égale est presque impossible
à obtenir des chevaux pendant tout le cours de l'opération ,
résolut de remplacer le mode ordinaire de tirage par un
treuil mû à bras d'hommes. M. *Mengin* ayant été nommé
rapporteur de cette dernière partie du travail de la Commission, je n'entrerai dans aucun détail de l'expérience qui eut
lieu chez M. *Génin*, à Sainte-Marie, en présence d'une
foule de curieux , parmi lesquels on remarquait MM. *de
L'Espée* et *Colombier*, de la Société d'agriculture de Lunéville; MM. *de Nettancourt* et *de Germay*, de celle de Bar-
le-Duc et Commercy; M. *d'Hofflize*, propriétaire des forges
de Longuion , département de la Moselle, etc. Je me bornerai
à vous dire que la moyenne du tirage a été , pour le même
volume de terre déplacé dans deux raies contiguës , de 30
myriagrammes (600 livres) pour la charrue du pays, tandis
qu'elle n'a été que de 25 (500 livres) pour la Charrue-
Grangé; et que, pour preuve de l'influence de la vitesse sur
la résistance , le tirage des deux instrumens attelés de
chevaux a augmenté d'un cinquième (1).

---

(1) L'application du dynamomètre à la mesure du plus ou moins
de tirage qu'exigent les charrues n'est pas bien comprise par les
cultivateurs , et il ne sera peut-être pas déplacé de chercher à la leur
expliquer ici. « Comment , disent-ils, nos chevaux sont-ils fatigués
» par une opération telle que le labourage, lorsque le dynamomètre
» ne marque qu'un poids de 500 livres ; tandis que chacun d'eux est
» en état de conduire 7 à 800 livres ? »

Le dynamomètre n'est qu'une romaine, dont l'échelle se construit
en suspendant à l'instrument un poids suffisant pour pousser l'aiguille
indicatrice jusqu'à l'extrémité de l'arc. Si ce poids est , par exemple
et c'est l'ordinaire, de 130 myriagrammes (2,600 livres) , on divise
l'arc en 130 parties égales , dont chacune représente le poids d'un
myriagramme (20 livres).

Le résultat des expériences tentées par la Commission sur
la Charrue-Grangé , est donc : 1° qu'elle paraît propre à

Si donc vous suspendez , par un moyen quelconque , une voiture
au dynamomètre, il vous indiquera le poids de cette voiture.

Si, l'instrument ayant été interposé dans la ligne de tirage , entre
les chevaux et la voiture , celle-ci est fixée de manière à ne pouvoir
avancer , les chevaux , en tirant de toutes leurs forces , marqueront
sur l'échelle, non plus le poids de la voiture , mais le degré de leur
force musculaire. (On sait que la force moyenne du tirage d'un cheval
est de 370 kilogrammes (740 livres), environ 7 fois celle d'un homme.)

Le chiffre de la force des chevaux sera inférieur , égal ou supérieur
au poids de la voiture. Dans le premier cas, l'attelage est trop faible ;
dans les deux autres , la voiture marchera dès qu'on aura enlevé
l'obstacle qui la retenait. Elle cédera bien avant que l'aiguille du dynamomètre n'arrive à son poids réel (au poids de la voiture), et aussitôt
que les chevaux auront vaincu la résistance qu'oppose le frottement
des roues sur le sol. C'est donc cette résistance , et non plus le poids
de la voiture ni la force du tirage des chevaux , qu'indique alors le
dynamomètre. Qu'il n'y ait qu'un seul cheval, s'il suffit, ou qu'il y
en ait plusieurs, le degré de résistance ne variera pas ; la vitesse seule
l'augmentera.

Dans le cas que nous venons de citer , la résistance produite par
le frottement étant diminuée autant que possible, le poids de la
voiture a sur elle une grande influence. Mais pour la charrue , dont
le coutre et le soc rencontrent en terre une résistance considérable et
continue , le poids de l'instrument n'a que peu d'importance. M. *de
Dombasle* assure avoir ajouté à son araire jusqu'à 200 livres , sans
changer en rien le degré du dynamomètre.

Quoiqu'il en soit , on peut estimer quelle est la résistance d'une
charrue travaillant, comparée à celle que présente une voiture chargée
d'un poids déterminé. Ainsi , d'après les expériences de M. *de Sci-
livaux*, la résistance offerte par la Charrue-Grangé (500 livres) équi-
vaut à celle d'une voiture chargée d'un poids de 2,000 livres , sur le
terrain ordinaire d'une route et à plat.

opérer dans toute espèce de sols. Nous ferons observer seulement, avec l'inventeur lui-même, que dans les terrains d'un revers trop rapide, elle ne pourrait conserver son équilibre sans une seconde personne pour la soutenir (1) ; mais, outre que ces sortes de terrains se rencontrent très-rarement en agriculture, la charrue ordinaire y demande le secours de trois personnes au moins, pour labourer convenablement. D'ailleurs la Charrue-Grangé a marché seule dans le parc de M. *Balbâtre*, où l'inclinaison était cependant d'un mètre sur cinq et quelquefois sur quatre ; 2° qu'elle fait un travail en général plus régulier que toutes les charrues conduites par la main des hommes, parce qu'une machine opère toujours d'une manière plus uniforme. Nous n'avons pas besoin de faire ressortir combien cette circonstance est favorable à la végétation ; 3° qu'elle offre moins de tirage que la charrue du pays ; ce qui est dû d'abord à sa construction, qui permet de donner moins de longueur à l'age, de sorte que la pointe du soc arrive presque à la perpendiculaire de l'essieu de l'avant-train. Ensuite, le levier solide, qui joint l'age à l'avant-train, détruit les inconvéniens de ce dernier, et fait de la Charrue-Grangé un véritable araire, selon l'observation d'un habile mécanicien : effectivement, nous avions remarqué que souvent les roues ne portent pas à terre ; 4° qu'à la fin de la raie, elle sort de terre d'une manière nette et précise, sans occasionner aucune de ces bavures, qui offensent si souvent et si désagréablement les prés et les champs voisins ; 5° et d'abord, qu'elle n'exige pour sa conduite qu'un enfant assez

---

(1) C'est ainsi que, dans une des expériences de la Société d'Agriculture de la Meuse, la Charrue-Grangé a labouré parfaitement un revers de 40 à 45 degrés.

intelligent pour guider les chevaux ; ce qui affranchira les cultivateurs de l'esclavage que leur imposent les valets de charrue, dont quelques-uns sont de vrais trésors sans doute, mais beaucoup trop rares à rencontrer. Peut-être aussi, comme on le croit à Bar, permettra-t-elle à un seul homme de guider plusieurs charrues à la fois, bien entendu lors qu'il n'aura affaire qu'à des terres faciles à labourer, et à des des champs d'une certaine longueur.

En résumé, cette charrue nous semble susceptible de devenir l'instrument de ce genre le plus perfectionné, en même temps qu'elle présente un système nouveau, destiné à amener une révolution complète dans la principale opération de l'agriculture ; et nous ne saurions trop appeler l'attention et les récompenses du gouvernement et des Sociétés, sur le jeune inventeur qui, de lui-même, a renoncé à tous ses droits sur son ingénieuse découverte, afin de ne laisser aucune obstacle à sa propagation.

Vous accepterez avec empressement cette noble tâche, Messieurs. Déjà vous avez formé le noyau de ces souscriptions, qui doivent acquitter envers *Grangé* une partie de la dette de l'Agriculture ; votre Commission vous propose de lui décerner, en outre, une médaille d'or, qui lui serait remise dans votre prochaine Séance publique.

Notes a l'appui du Rapport *sur la Charrue-Grangé, par M.* Mengin, *Directeur des ponts et chaussées en retraite, Président de la Commission ; lues en séance le 9 mars 1833.*

Un grand nombre de cultivateurs et de mécaniciens instruits ont apporté successivement des modifications plus ou moins heureuses à la charrue à avant-train, qui, malgré tous ces efforts , n'avait pas encore obtenu jusqu'à présent la perfection désirable.

Jean-Joseph Grangé , simple garçon de charrue , vient de créer un système tout nouveau et applicable à toutes les formes qu'on a pu donner jusqu'à présent à ce premier instrument de l'agriculture. Voici quelques notes qui peuvent faire suite à ce qu'on a déjà dit à ce sujet.

Comparaison de la charrue ordinaire du pays avec la Charrue-Grangé.

1° La charrue ordinaire à avant-train ne peut être maintenue dans une direction régulière que par les efforts plus ou moins violens du laboureur ;

La Charrue-Grangé conserve toujours sa direction primitive , au moyen de deux chaînes de tire *AA (Planche II)* d'une longueur égale , dont chacune est fixée , d'une part , sur l'essieu de l'avant-train , près des roues ; d'autre part , dans un crochet implanté de chaque côté de l'age , de manière à former un triangle isocèle , dont l'essieu est la base.

2° Dans la charrue ordinaire , la partie antérieure de l'age étant posée sur la sellette immobile de l'avant-train , quelque soit le mouvement qu'exécute l'homme qui tient les mancherons , il ne peut trouver de point d'appui que sur la sellette même ; de sorte que, pour faire sortir le soc de terre en tout ou en partie , il est obligé de soulever le corps de la charrue tout entier, souvent surchargé d'une bande de terre ; ce qui demande l'emploi de toute la force d'un homme robuste ;

Dans la Charrue-Grangé , cet inconvénient disparaît parce que une perche *P,* de 5 à 6 pieds, placée au-dessus de l'age, ayant son point d'appui sur la traverse *O,* qui lie par le haut les deux montans *C* élevés perpendiculairement sur l sellette, et fixée par une de ses extrémités, au moyen d'une chaîne *N*, à la partie antérieure de l'age *M*, sert au conducteur de moyen facile et puissant pour dépiquer la charrue lorsqu'on arrive au bout du champ. Cette perche fait l'effet d'un levier, que nous nommerons *levier supérieur*.

3° Lorsque la charrue ordinaire rencontre un obstacle trop élevé, on est obligé de la coucher de côté, et l'on ne peut alors reprendre, sans difficultés et sans tâtonnemens, la direction primitive.

Dans la Charrue-Grangé, il suffit d'abaisser le levier supérieur pour dépiquer, jusqu'à la hauteur de l'obstacle, sans détourner la charrue de sa direction, qu'elle reprend aussitôt que l'action du levier cesse.

4° La charrue ordinaire, dont l'age est mobile sur l'avant-train qui seul lui sert d'appui, présente de grandes difficultés pour opérer un labour d'une profondeur et d'une largeur constantes, et exige un travail continuel de la part de l'homme chargé de la maintenir ;

Dans la Charrue-Grangé, un second levier *EF*, placé à gauche, passe sous l'essieu, qui lui sert de point d'appui. Son extrémité antérieure est fixée, en avant de l'essieu, soit par une chaîne *G*, soit par un étrier, aux armonts *L*, que l'auteur appelle commensure ; son extrémité postérieure s'accroche au mancheron *I* par une chaîne *ED*, que l'on allonge ou qu'on raccourcit à volonté. Les chevaux, en tirant, font relever la commensure, ainsi que l'extrémité antérieure de ce levier, qui, agissant comme ressort, opère sur le sep une pression qui le maintient à une profondeur constante, sans exiger le secours de l'homme. Nous nommerons ce second levier *levier de pression*.

5° Dans la charrue ordinaire, l'effort opéré par les chevaux, pour sa translation, n'est pas entièrement employé à cet effet : une partie est décomposée, et tend à presser sur l'essieu de l'avant-train ; ce qui augmente le frottement des roues sur le sol ;

Dans la Charrue-Grangé, le levier de pression, passant sous l'essieu et opérant par conséquent de bas en haut, diminue de beaucoup ce frottement, en appliquant au soulèvement de l'avant-train la portion de la force perdue pour la translation. C'est presque atteindre un des principaux avantages de l'araire, dont toutes les forces sont employées à la fois à faire marcher l'instrument et à vaincre la cohésion de la terre.

6° La charrue ordinaire ne peut labourer sur les coteaux dont la pente transversale est un peu forte, sans exiger de la part de l'homme qui tient les mancherons des efforts d'autant plus pénibles, que la pente est plus considérable ; efforts qui sont même infructueux lorsque la pente excède une certaine limite ;

Dans la Charrue-Grangé, la sellette, placée sur l'essieu, s'élève de gauche à droite, au moyen d'une charnière ZZ, fixée de ce dernier côté (1); sur le côté opposé de l'essieu, est établi un régulateur H traversant la sellette, et le long duquel elle peut s'élever et être fixée par des chevilles en fer, qui lui donnent une inclinaison proportionnée à la pente transversale du coteau à labourer. Les montans C, dans lesquels joue la partie antérieure de l'age dont la forme est rectangulaire, suivent aussi l'inclinaison de la sellette, obligent le corps de la charrue à prendre une position relative, et permettent de labourer dans les terrains dont le revers

---

(1) *Grangé* pense qu'on pourrait établir la sellette de manière à pouvoir s'incliner à volonté, tantôt à droite, tantôt à gauche.

n'est pas trop rapide , presque aussi facilement que dans la plaine.

7° Dans la charrue ordinaire , une des causes qui augmentent le tirage est la grande distance qu'on est obligé de laisser entre l'avant-train et le soc , pour ne pas gêner le maniement de la charrue , la résultante des forces perdues augmentant avec cette distance ;

Le mouvement de la Charrue-Grangé est indépendant de la longueur de l'age , fixé à l'avant-train d'une manière presque invariable ; il a donc été possible d'approcher la pointe du soc de l'essieu , et d'augmenter ainsi l'ouverture de l'angle d'après lequel se forme la décomposition des forces , dont la résultante est alors moins grande que dans le premier cas (1).

Résultat des expériences sur la marche et le tirage des charrues.

Des expériences faites les 23 et 26 février dernier (2) , seulement pour observer la marche de la Charrue-Grangé , ont prouvé que , conduite par un seul homme , elle fonctionne facilement dans toute espèce de terrains, même dans ceux en pente de 5 de base sur 1 de hauteur.

Une troisième expérience a eu lieu le 28 du même mois , pour comparer le tirage de la Charrue-Grangé avec celui de la charrue ordinaire.

Cette expérience a été faite au dynamomètre, à Ste. Marie près Nancy , dans un terrain argileux , mêlé d'un peu de

---

(1) Cette vérité a été confirmée devant nous par l'expérience : l'age de la charrue ordinaire ayant été raccourci d'un seul trou , le dynamomètre a marqué aussitôt 40 livres de moins ; mais l'instrument était déjà moins facile à manier.

(2) Voyez le Rapport précédent, page 30.

sable, qui ne présentait aucune pente sensible, ni dans sa longueur, ni dans sa largeur.

Un treuil avait été placé à l'extrémité du champ, pour mettre les charrues en action.

Elles ont été pesées avant l'opération : la Charrue-Grangé pesait 275 livres ; celle du pays 250 seulement (1).

On les a réglées pour former l'une et l'autre des sillons de 11 pouces de largeur sur 7 de profondeur.

Le champ avait été ouvert d'avance, et les charrues ont opéré dans deux raies contiguës, sur une longueur de 60 mètres.

Sur cette longueur, la Charrue-Grangé a exigé un tirage moyen de 500 livres, et celle du pays de 600 (2).

Les charrues ayant ensuite été mises en mouvement au moyen des chevaux, on a remarqué dans le tirage de chacune d'elles une augmentation constante d'environ un cinquième ; ce qui devait être : car les forces sont entre elles comme les quantités de mouvement, c'est à dire, comme les produits des masses par les vitesses ; or, les masses étant égales, les forces devaient être dans le rapport des vitesses.

M. *Sauveur*, évaluant à 180 livres l'effort moyen d'un cheval travaillant pendant 8 heures avec une vitesse de 3 pieds par seconde (1,800 toises par heure), il en résulte que, dans un terrain de même nature que celui où la troisième expérience a eu lieu, la charrue ordinaire exigerait

______

(1) La charrue du pays employée dans cette expérience était une charrue perfectionnée, appartenant à M. *George*.

(2) Plusieurs cultivateurs, qui se servent depuis quelque temps de la Charrue-Grangé, avaient évalué son tirage à un sixième de moins que celui de la charrue ordinaire ; cette évaluation a été pleinement confirmée par l'expérience faite au dynamomètre.

la force de 4 chevaux, et la Charrue-Grangé n'en exigerait que 3 $\frac{1}{5}$.

Résumé.

Deux simples leviers forment la base du nouveau système découvert par *Grangé*, et peuvent s'appliquer, facilement et à peu de frais, à toutes les charrues à avant-train (1). Ce système, dont le but principal était de diminuer le travail de l'homme, lui a encore permis de perfectionner l'instrument de manière à faire disparaître les principaux inconvéniens qu'on reprochait à la charrue ordinaire, notamment un tirage trop considérable.

EXTRAIT DU PROCÈS-VERBAL *de la Séance de la Société centrale d'Agriculture de Nancy, en date du* 9 *mars* 1833.

...La Société après, avoir entendu le Rapport qui vient de lui être fait sur les expériences auxquelles la Charrue-Grangé a été soumise les 23, 26 et 28 février dernier, délibérant sur les conclusions de ce Rapport, reconnaît qu'on ne peut trop tôt répandre tous les avantages que l'Agriculture doit retirer de l'importante découverte faite par *Jean-Joseph Grangé*.

En conséquence, elle charge le COMITÉ DE SOUSCRIPTION, qu'elle a nommé dans sa séance du 2 mars (2), de prendre

---

(1) Nous n'avons pas parlé du troisième levier *B*, destiné à soutenir les armons, par le poids même de la charrue qu'il leur oppose ; mais ce n'est qu'une pièce accessoire, qui ne fait pas partie essentielle du système.

(2) Dans sa séance du 2 mars 1833, la Société centrale, accueillant la demande des membres réunis des Sociétés d'agriculture du département, présens à l'expérience faite à Nancy le 23 février, a ou-

toutes les mesures qu'il jugera nécessaires pour donner la
plus grande publicité à cette nouvelle invention, et appeler
en même temps sur son auteur les récompenses que lui
méritent son talent et son rare désintéressement.

De plus, voulant donner à *Jean-Joseph Grangé* un
témoignage solennel de son estime et de sa reconnaissance,
elle lui vote, par acclamation, une médaille d'or de la
valeur de 200 francs, qui lui sera décernée dans la Séance
publique du 8 mai prochain.

---

vert une souscription en faveur de *Jean-Joseph Grangé*, inventeur
de la charrue à levier, pour le service qu'il vient de rendre à
l'Agriculture et l'abandon généreux qu'il a fait de ses droits à un
brevet d'invention, dans le but de favoriser le développement de
son système et de n'en point retarder l'application.

Un Comité de souscription, formé dans son sein, a été chargé de
toutes les dispositions propres à en assurer le succès.

Les membres de ce Comité sont MM. *Génin* (Président), *Berrurier*, *Gouy*, *de Scitivaux* et *Soyer-Willemet*.

Le Comité fera incessamment parvenir aux diverses Sociétés, dans
le ressort desquelles la Charrue-Grangé pénétrera, les feuilles de
souscriptions destinées à recueillir les offrandes faites par l'Agriculture à l'auteur de ce précieux système.

Afin, aussi, de consacrer l'époque de cette nouvelle découverte
et le nom de ceux qui l'auront accueillie les premiers, le Comité
fera frapper une médaille en bronze, qui portera le nom des sous-
cripteurs qui voudront se la procurer. Le prix de cette médaille, qui
ne sera que d'un franc, se payera en dehors de la souscription.

ADDITION.

Nous joindrons aux pièces ci-dessus l'article suivant , extrait du supplément au n° 392 du journal de la Meuse :

« Bar-le-Duc, 4 mars 1833. En présence d'un grand nombre de membres de la Société d'agriculture , de beaucoup de cultivateurs et de curieux, la charrue de M. *Grangé* a été mise à l'épreuve lundi dernier , à la ferme de Popey , sur les terres de M. *Huguet.* On l'a fait fonctionner dans plusieurs sortes de terrains ; elle a surtout travaillé long-temps dans un champ pierreux , du côté où il présentait une pente très-prononcée. Dans ces différentes expériences , tout le monde la suivait avec étonnement , et ce qu'elle a fait sous les yeux des plus prévenus comme des plus enthousiastes , a prouvé clairement les avantages inappréciables que la société tout entière doit retirer de l'invention d'un pauvre garçon de charrue.

» Cette charrue, qui fonctionne sans que personne tienne les mancherons , un jeune homme, un enfant suffit pour conduire son attelage. Une simple pièce de bois , placée dans la machine elle-même, effectue et règle son action ; c'est un levier qui peut s'adapter à toutes les charrues , au moyen d'une dépense très-modique. Elle trace des sillons d'une parfaite régularité , à la profondeur qu'exige toute espèce de terrains. Vient-elle à rencontrer une pierre ? on la voit franchir l'obstacle , glisser et repiquer aussitôt sans dévier de la ligne qu'elle suit ; et cela , sur les pentes , comme sur la surface la plus plane : c'est en cela surtout qu'elle a surpassé l'attente des cultivateurs. Les plus habiles d'entre eux avouent qu'aucun d'eux , quels que fussent ses efforts et son adresse, n'en pourrait exécuter autant ; et dans ces passages difficiles , la charrue n'avait pas plus besoin d'être aidée , qu'aux endroits les moins embarrassés d'obstacles.

» Tout le monde sait combien il est mal-aisé de ne pas entamer, à l'extrémité du sillon , le champ ou le pré voisins : eh bien , les mouvemens de la Charrue-Grangé sont tellement faciles à modérer , qu'elle s'arrête au point précis où finit le champ qu'elle parcourt; puis elle retourne sans se renverser jamais. Quelques personnes l'ont trouvée lourde ; mais les dimensions de celle qu'on a vue ne sont pas indispensables : on en peut faire qui présenteront les mêmes résultats et dont la force sera bien moindre. On a dit aussi , à la voir traînée par quatre chevaux , qu'elle *tirait* bien plus que les autres ; cette objection n'est pas plus fondée que la précédente : en effet , on y avait d'abord attelé deux chevaux , elle allait fort bien ainsi ; si deux autres chevaux ont été ajoutés , c'était uniquement pour accélérer l'épreuve , et moins fatiguer les deux premiers dans un aussi rapide labour. D'ailleurs , on a vérifié , à Nancy , par les moyens mathématiques les plus infaillibles , que la charrue , telle qu'elle est sortie des mains de son auteur , n'avait pas un plus grand poids , et ne *tirait* pas plus que celle qui pèse et tire le moins de toutes les charrues connues jusqu'à présent.

» L'expérience a donc été complète : elle a répandu de tous les côtés la satisfaction qu'on éprouve à voir couronnée du succès le plus positif, une invention qui doit améliorer la condition de l'homme , en allégeant ses fatigues , en abrégeant ses travaux. Beaucoup de personnes reculaient devant le rude travail que l'Agriculture impose : elles s'y adonneront aujourd'hui , puisqu'un propriétaire en se promenant dans ses champs , pour ainsi dire , pourra les labourer lui-même.

» M. *Grangé* , dont le maintien simple et le langage modeste relèvent encore le talent, a recueilli les suffrages de tous les assistans. M. le Préfet était venu juger par lui-même du mérite de cette heureuse conception : il a paru en concevoir tout le prix. La Société d'agriculture s'est réunie immédiatement après cette intéressante expérience. Elle a invité M. *Grangé* à vouloir bien , avant de nous quitter , diriger la confection d'une charrue semblable à la sienne , destinée à devenir pour les ouvriers et les cultivateurs du département un modèle qu'ils s'empresseront d'imiter. Ensuite la Société a décidé qu'il serait ouvert une souscription en faveur de l'ingénieux auteur de cette précieuse découverte : car , M. *Grangé*, afin que chacun pût jouir, dès à présent, des bienfaits de son invention, n'a pas voulu demander un brevet qui , certainement, lui aurait assuré de grands bénéfices. N'est-ce pas là un désintéressement bien rare aujourd'hui ? Aussi , ne doutons-nous pas que tout le monde ne tienne à honneur de souscrire en songeant que , dans la personne de M. *Grangé*, c'est le patriotisme et le génie qui seront récompensés à la fois , et nous joignons notre voix à celle du *Patriote de la Meurhe* , pour appeler sur ce jeune homme , à qui l'agriculture va tant devoir , la distinction méritée de la croix d'honneur.

» Nous apprenons à l'instant que la souscription ouverte chez M. *Jeantin* , avocat , à Bar-le-Duc , s'élève déjà à 300 fr. »

Depuis l'impression de cet article, M. le Préfet de la Meuse a provoqué une assemblée de la Société d'agriculture de Verdun et St.-Mihiel , pour lui faire connaître la Charrue-Grangé. On nous mande que les nouveaux essais , qui ont eu lieu en présence de cette Société, à Tillomboy et à Tróyon , ont eu le plus grand succès.

AVIS.

Les Sociétés d'agriculture et les propriétaires qui dési-raient se procurer la Charrue-Grangé construite à Nancy, sous la direction de l'inventeur, peuvent s'adresser *franc de port* au Sécretaire-Archiviste-Trésorier de la Société centrale d'agriculture de Nancy, qui s'empressera de la leur faire parvenir.

Ces Charrues, dont la bonté sera garantie, et qui pour-ront servir de *modèle*, porteront le nom de *Grangé* et les lettres initiales S. C. D. N.

Le prix en est fixé à 125 francs.

NANCY, IMPRIMERIE D'HÆNER.

Mémoire de Grangé **PL. I.**

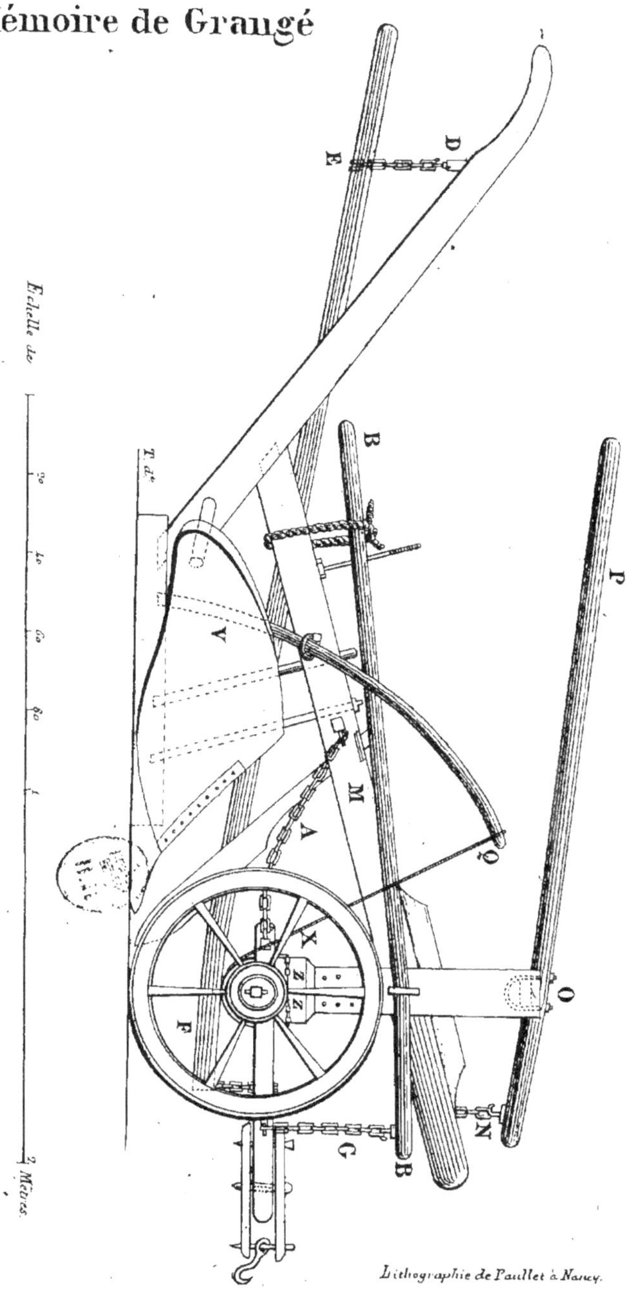

Charrue-Grangé, présentée à Lunéville en octobre 1832.

Lithographie de Paullet à Nancy.

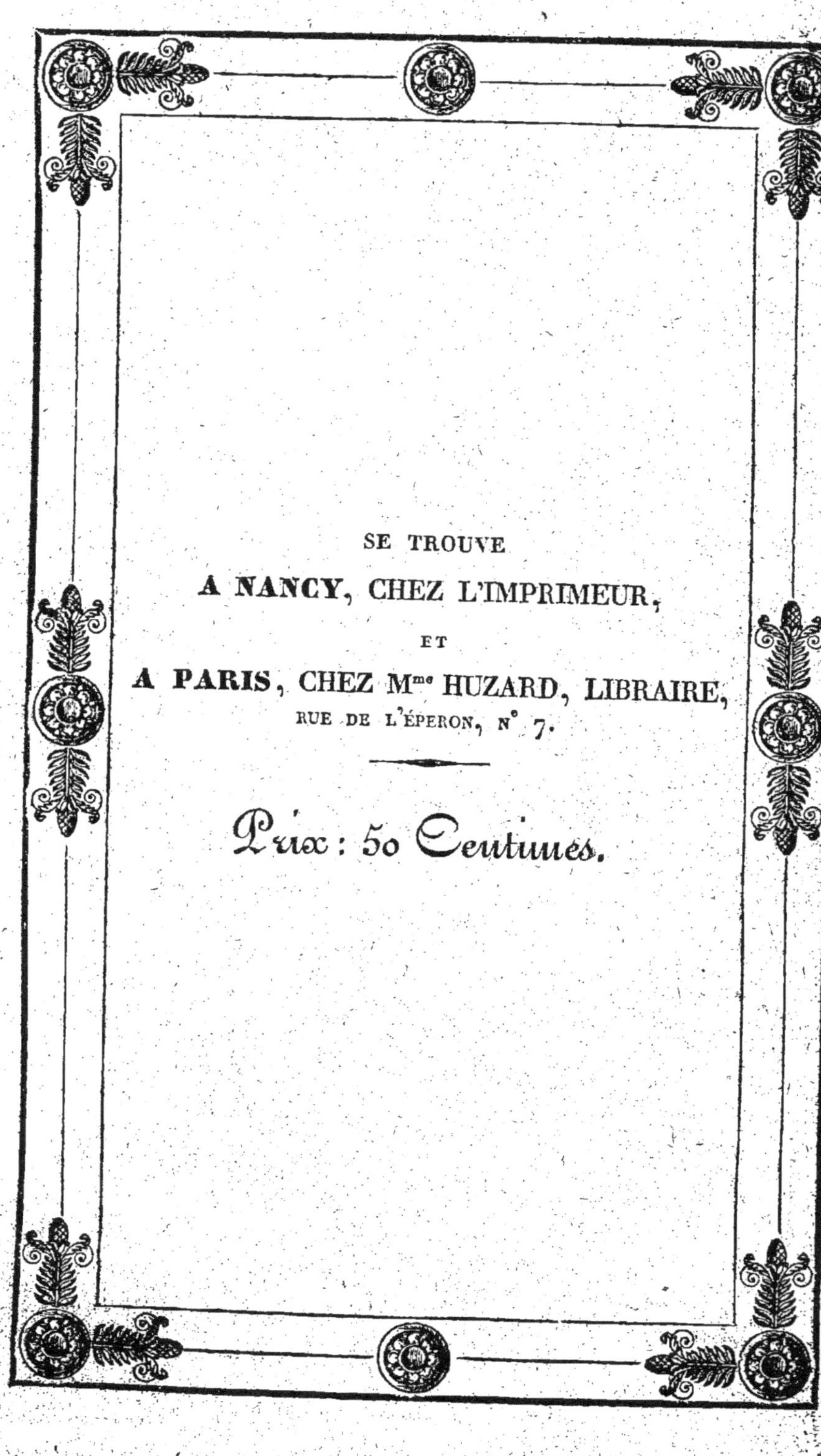

SE TROUVE

A NANCY, CHEZ L'IMPRIMEUR,

ET

A PARIS, CHEZ Mme HUZARD, LIBRAIRE,
RUE DE L'ÉPERON, N° 7.

Prix : 50 Centimes.